Bemshima Benjamin Iorfa
Kumasuun Kenneth Amoor
Simon Edoka Edache

Avaliação da qualidade do ar e estratégias de atenuação:

Bemshima Benjamin Iorfa
Kumasuun Kenneth Amoor
Simon Edoka Edache

Avaliação da qualidade do ar e estratégias de atenuação:

Avaliação dos poluentes dos locais de produção de carvão vegetal na Nigéria. Um estudo abrangente

ScienciaScripts

Imprint

Cover image: www.ingimage.com

This book is a translation from the original published under ISBN 978-620-8-41792-5.

Publisher:
Sciencia Scripts
is a trademark of
Dodo Books Indian Ocean Ltd. and OmniScriptum S.R.L publishing group

120 High Road, East Finchley, London, N2 9ED, United Kingdom
Str. Armeneasca 28/1, office 1, Chisinau MD-2012, Republic of Moldova, Europe
Managing Directors: Ieva Konstantinova, Victoria Ursu
info@omniscriptum.com

Printed at: see last page
ISBN: 978-620-8-54742-4

AVALIAÇÃO DA QUALIDADE DO AR E ESTRATÉGIAS DE ATENUAÇÃO: AVALIAÇÃO DE POLUENTES PROVENIENTES DE LOCAIS DE PRODUÇÃO DE CARVÃO VEGETAL NA NIGÉRIA. UM ESTUDO EXAUSTIVO SOBRE ANÁLISE DE EMISSÕES, QUALIDADE DO AR AMBIENTE E SOLUÇÕES SUSTENTÁVEIS

IORFA BEMSHIMA BENJAMIN

AGÊNCIA NACIONAL DE CONTROLO DO CUMPRIMENTO DA LEGISLAÇÃO EM MATÉRIA DE DROGA, NIGÉRIA

IORFABENJAMIN1992@GMAIL.COM

+234 706 208 9695

AMOOR KUMASUUN KENNETH

KENNETHAMOOR@GMAIL.COM

+234 814 268 2931

&

EDACHE SIMON EDOKA

UNIVERSIDADE ESTATAL DE BENUE, MAKURDI, NIGÉRIA

EDACHESIMON2@GMAIL.COM

+234 703 242 1095

VISÃO GERAL

Este livro examina os poluentes atmosféricos emitidos pelos locais de produção de carvão vegetal na Nigéria, centrando-se na sua concentração e impacto na qualidade do ar ambiente. Através de amostragem e análise sistemáticas, foram identificados níveis significativos de partículas (PM), compostos orgânicos voláteis (COV) e outros gases nocivos, que frequentemente excedem as normas nigerianas de qualidade do ar. Os resultados indicam graves riscos para a saúde das comunidades locais e preocupações ambientais. Em resposta, o estudo propõe soluções como tecnologias de produção mais limpas, educação da comunidade e recomendações políticas para mitigar a poluição. Esta investigação realça a necessidade urgente de práticas sustentáveis na produção de carvão vegetal para proteger a saúde pública e o ambiente.

Palavras-chave: *Poluentes atmosféricos, produção de carvão vegetal, qualidade do ar ambiente, Nigéria, mitigação da poluição.*

CAPÍTULO 1
INTRODUÇÃO

1.1. Antecedentes do estudo

O carvão vegetal é um combustível de madeira produzido nas zonas rurais e consumido nas cidades e vilas. Alguns dos factores que influenciam a escolha de utilizar carvão vegetal em vez de lenha nas zonas urbanas incluem O carvão vegetal tem um valor calorífico mais elevado por unidade de peso do que a lenha, pelo que é mais económico transportar o carvão vegetal a longas distâncias do que a lenha; o armazenamento do carvão vegetal ocupa menos espaço do que o da lenha; o carvão vegetal não está sujeito à deterioração por insectos e fungos que atacam a lenha; o carvão vegetal quase não faz fumo e não contém enxofre, pelo que o combustível ideal para as . Estima-se que cerca de 1,5 mil milhões de pessoas nos países em desenvolvimento obtêm pelo menos 90% das suas necessidades energéticas a partir da madeira e do carvão vegetal. Outros mil milhões de pessoas satisfazem pelo menos 50% das suas necessidades energéticas desta forma. Na maior parte dos países em desenvolvimento, 90% das pessoas dependem da lenha como principal fonte de combustível e, todos os anos, o utilizador médio queima desde um quinto de uma tonelada, em zonas extremamente pobres e com escassez de madeira, como a Índia, até muito mais de uma tonelada em partes de África e do Sul da Ásia. Em 1999, calculou-se que 1,9 mil milhões de m^3 de madeira foram queimados para cozinhar, para fornecer calor ou para fabricar carvão para queima posterior

(FAO, 1987). A produção de carvão vegetal em grande escala, principalmente na África subsariana, tem sido uma preocupação crescente devido à sua ameaça de desflorestação, degradação dos solos e alterações climáticas

O ensacamento local do carvão vegetal altera os impactes. Apesar do aumento do rendimento per capita, de taxas de eletrificação mais elevadas e de um potencial significativo de energias renováveis, o carvão vegetal continua a ser a fonte dominante de energia para cozinhar e aquecer oitenta por cento dos agregados familiares na África Subsariana (ASS) (Arnold et al., 2006; Richardson e Zulu, 2013). Sendo um combustível tradicional que tem sido utilizado há centenas de anos, serve de tábua de salvação para as populações em rápido crescimento nos centros urbanos da região, para além de parcelas potencialmente significativas da população rural. Devido ao seu baixo custo em comparação com outros combustíveis como o querosene e o gás de petróleo liquefeito, bem como a outros factores que serão discutidos nas próximas secções, espera-se que a procura de carvão vegetal continue a aumentar drasticamente nas próximas décadas, apesar dos melhores esforços dos defensores da energia moderna. Prevê-se que a utilização de carvão vegetal na ASS duplique até 2030, com mais de 700 milhões de africanos a dependerem dele como fonte de energia durável, preferida e barata. Com um aumento previsto do consumo, há uma grande necessidade de identificar os futuros energéticos reais versus os futuros energéticos percepcionados no que diz respeito ao carvão vegetal. A investigação mostrou que as transições em grande escala para fontes de energia modernas só ocorrerão quando for atingido um determinado limiar de rendimento; enquanto outros estudos indicaram que, mesmo com grandes aumentos no rendimento do trabalho, a grande maioria dos muitos países da África Subsariana continua a utilizar carvão vegetal. Se for sugerida uma dependência contínua do carvão vegetal, há uma necessidade ainda maior de avaliar e abordar as questões ambientais e sociais associadas a esta indústria altamente influente e, em grande parte, informal.

Local moderno para a transformação do carvão vegetal

A poluição atmosférica é a introdução na atmosfera de substâncias químicas, partículas ou materiais biológicos que causam danos ou incómodo aos seres humanos ou a outros organismos vivos, ou que causam danos ao ambiente natural ou ao ambiente construído. Pode ser definida como a presença na atmosfera exterior ou interior de um ou mais contaminantes gasosos ou particulados em quantidades, caraterísticas e duração tais que sejam prejudiciais para o homem, as plantas ou os animais

vida ou à propriedade, ou que interfira de forma não razoável com o gozo confortável da vida e da propriedade. Tem sido difícil conseguir a cooperação para o controlo da poluição atmosférica em países em desenvolvimento como a Nigéria, cuja principal preocupação é satisfazer necessidades básicas como a alimentação, o alojamento e o emprego da sua população.

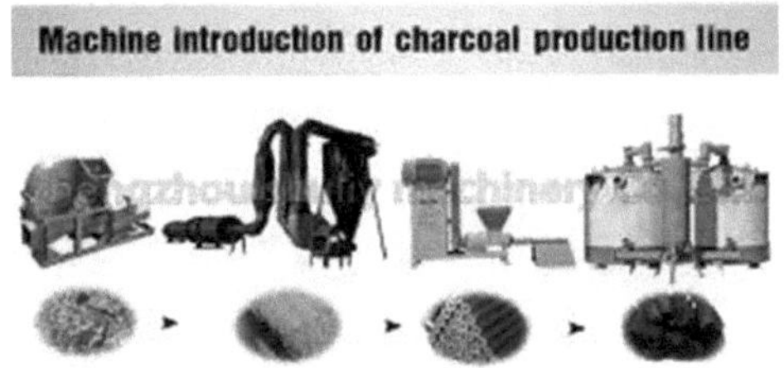

Uma substância presente no ar que pode causar danos aos seres humanos e ao ambiente é conhecida como um poluente atmosférico. Os poluentes podem apresentar-se sob a forma de partículas sólidas, gotículas líquidas ou gases. Para além disso, podem ser naturais ou produzidos pelo homem (Anderson, 2005). A atmosfera é um sistema gasoso natural complexo e dinâmico, essencial para a manutenção da vida no planeta Terra. O empobrecimento do ozono estratosférico devido à poluição atmosférica é há muito reconhecido como uma ameaça para a saúde humana e para os ecossistemas da Terra. A poluição do ar em recintos fechados e a qualidade do ar urbano estão listadas como dois dos piores problemas de poluição do mundo no relatório de 2008 do Blacksmith Institute World's Worst Polluted Places (Anderson, 2005).

1.2. Declaração do problema

Os poluentes emitidos por um local de produção de carvão vegetal têm a capacidade de causar efeitos adversos para a saúde, tais como doenças respiratórias. Os produtores de carvão vegetal desta região não estão bem informados e não consideram os perigos que estas emissões representam se entrarem no ambiente em níveis significativos. Por conseguinte, não seriam capazes de resolver o problema da poluição atmosférica e das emissões de gases com efeito de estufa produzidas pela pirólise do carvão vegetal. É preocupante que os governos, através das agências de proteção do ambiente, não prestem muita atenção a esta questão. O processo produz quantidades consideráveis de gases com efeito de estufa e de partículas em suspensão que são descarregadas em receptores naturais (principalmente o ar), dando origem a grandes problemas ambientais a longo prazo.

Método local de transformação do carvão vegetal em África

Uma análise da literatura sobre as cadeias de abastecimento de carvão vegetal na África Subsariana mostra claramente que a procura desta fonte de energia não estagnada, mas aumentará drasticamente até ao ano 2030. Mesmo nos países onde as taxas de eletrificação são mais elevadas, como no Gana, 60-70% da população ainda utiliza o carvão vegetal para cozinhar e aquecer, uma constatação identificada em numerosos estudos que se afasta do modelo tradicional da escada energética. A eletricidade raramente substitui o carvão vegetal como combustível, embora os aumentos de rendimento levem a uma maior utilização de combustíveis mais refinados, como o querosene e o GPL, para substituir a biomassa; isto ajuda a ilustrar a correlação negativa, e muitas vezes enganadora, encontrada entre o carvão vegetal e a eletrificação. Em alguns dos países menos desenvolvidos, como a Libéria, onde menos de um por cento da população está ligada à rede eléctrica, 95% dependem dos combustíveis tradicionais de biomassa, sob a forma de madeira e carvão vegetal. Nas zonas rurais em crescimento, o carvão vegetal é o principal combustível utilizado para aquecimento e para cozinhar, uma vez que as infra-estruturas deficientes, o custo elevado e os baixos rendimentos limitam o crescimento do mercado dos combustíveis refinados para cozinhar.

Os impactos relacionados com a saúde associados aos combustíveis de madeira têm-se centrado tradicionalmente nos efeitos do seu consumo.

A poluição do ar interior (PAI) é a principal preocupação, dada a elevada quantidade de fumo e de partículas libertadas durante a combustão da madeira. Smith et al. (2002) documentaram tendências de doenças respiratórias num número desproporcionado de mulheres e crianças em resultado da PIA resultante da combustão de combustíveis de madeira em todo o mundo em desenvolvimento. No entanto, pouco se sabe sobre os impactos nocivos para a saúde sofridos pelos produtores de carvão vegetal durante as fases de extração e produção. Por exemplo, sabe-se que a pirólise, o processo utilizado para a produção de carvão vegetal, liberta quantidades significativas de subprodutos gasosos, incluindo monóxido de carbono, dióxido de enxofre e outros que se sabe serem mortais para os seres humanos em concentrações moderadas, através da utilização de estudos de dose-resposta. Sabe-se que os produtores rurais trabalham nas proximidades de fornos de alta temperatura que libertam estes compostos altamente tóxicos, gerando um risco potencial elevado de envenenamento. Além disso, o uso de ferramentas primitivas pode potencialmente levar a ferimentos moderados ou graves, que podem ser fatais em áreas rurais que não têm acesso a cuidados médicos adequados. A literatura académica e os relatórios governamentais referem-se às condições de trabalho dos produtores de carvão vegetal como inseguras; tanto os funcionários governamentais como os documentos de investigação mencionam estes "perigos" de passagem.

Outros indicadores de ameaças sociais incluem o trabalho infantil generalizado, as diferenças de género na educação e nos resultados da produção, a extrema variabilidade dos preços, muitas vezes nas mãos dos comerciantes, e a falta de potencial de redução da pobreza nos actuais métodos de produção. A falta de regulamentação na indústria do carvão vegetal cria o maior risco de exploração e de perigos para a segurança, mas nenhum estudo investigou em profundidade os riscos sociais e para a saúde associados à produção deste combustível muito procurado.

Secção transversal do carvão vegetal em sacos

1.3. Finalidades e objectivos do estudo

O objetivo deste estudo é determinar a presença de poluentes atmosféricos em concentrações significativas e a sua distribuição espacial no ambiente circundante.

Os objectivos específicos são os seguintes

1. Determinar a presença de poluentes atmosféricos nas emissões gasosas descarregadas de uma instalação de produção de carvão vegetal.
2. Realizar uma experiência de qualidade do ar ambiente para determinar a concentração de poluentes atmosféricos nos locais.
3. Comparar os resultados do estudo com a qualidade do ar ambiente nigeriano e tirar conclusões.

4. Sugerir soluções para osproblemas destes poluentes atmosféricos para o meio envolvente e fazer recomendações.

1.4. Justificação

Este estudo ajudará a confirmar a verdadeira distribuição dos poluentes atmosféricos descarregados a partir da produção de carvão vegetal na comunidade amostrada. A concentração, a translocação e a distribuição dos poluentes atmosféricos especificados em relação à distância também serão determinadas; isto deverá ajudar a completar uma análise holística do ciclo de poluição. Os resultados deste projeto de investigação deverão servir de base para outros trabalhos de investigação sobre a produção de carvão vegetal em Gwer-West e para estudos sobre os efeitos das actividades da indústria do carvão vegetal.

1.5.1 Âmbito do estudo

Este estudo tem como objetivo determinar a presença de poluentes atmosféricos em concentrações significativas e a sua distribuição especial no ambiente circundante, apenas na área governamental local de Gwer West, no estado de Benue.

CAPÍTULO 2

REVISÃO DA LITERATURA

2.1. Descrição do processo de produção de carvão vegetal

O carvão vegetal é o resíduo sólido de carbono resultante da pirólise (carbonização ou destilação destrutiva) de matérias-primas carbonáceas. As principais matérias-primas são as madeiras duras médias a densas, como a faia, a bétula, o ácer, a nogueira e o carvalho. Outras são as madeiras de coníferas (principalmente pinheiro de folha longa e pinheiro manso), cascas de nozes, caroços de fruta, carvão, resíduos vegetais e resíduos de fábricas de papel. O carvão vegetal é utilizado principalmente como combustível para cozinhar ao ar livre. O fabrico de carvão vegetal é também utilizado na gestão florestal para a eliminação de resíduos. Os fornos para o fabrico de carvão vegetal podem geralmente ser classificados como fornos de soleira múltipla contínuos ou descontínuos; os fornos de soleira múltipla contínuos são mais utilizados do que os fornos descontínuos. Durante o processo de fabrico, a madeira é aquecida, libertando água e compostos orgânicos altamente voláteis (COV). A temperatura da madeira aumenta para aproximadamente 275ºC (527ºF), e o rendimento do destilado de COV aumenta. Neste ponto, a aplicação externa de calor já não é necessária porque as reacções de carbonização tornam-se exotérmicas. A 350ºC (662ºF), a pirólise exotérmica termina e o calor é novamente aplicado para remover os materiais alcatrões menos voláteis do carvão vegetal. O fabrico de briquetes a partir de matéria-prima pode ser parte integrante de uma instalação de produção de carvão vegetal, ou uma operação independente, sendo o carvão vegetal recebido como matéria-prima.

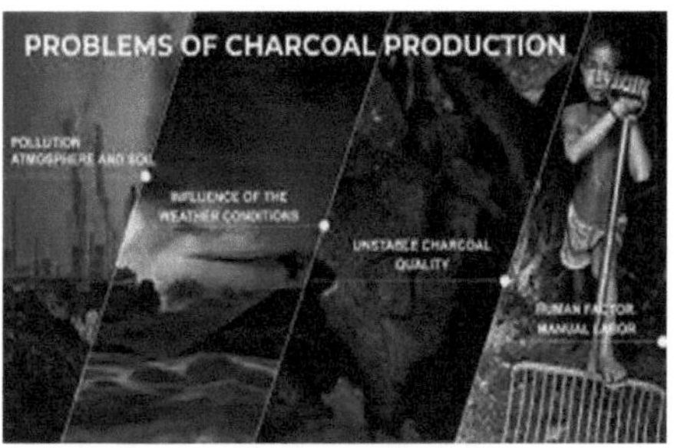

Alguns dos problemas da produção de carvão vegetal

O carvão vegetal é então misturado com um aglutinante para formar uma mistura de 65 a 70 por cento de carvão vegetal. As soluções aglutinantes típicas são soluções de 9 a 10 por cento em peso de amido de milho, amido de milho ou amido de trigo. Pode ser adicionada serradura ou outros materiais para obter uma combustão mais rápida ou temperaturas mais elevadas. Os briquetes são então formados em uma prensa e secos a aproximadamente 135ºC (275ºF) por 3 a 4 horas, resultando em um produto com 5% de umidade. Este processo gera um briquete de aproximadamente 90 por cento de produto de pirólise (Elyounssi et al., 2012).

2.2. Ciclo de produção do carvão vegetal

O carvão vegetal é o resíduo sólido que resta quando a madeira é carbonizada sob condições controladas num espaço fechado (FAO, 1987). Durante o processo de carbonização, controla-se a entrada de ar, de modo a que a madeira não se reduza a cinzas, como num fogo convencional, mas se decomponha quimicamente, formando o carvão vegetal. O processo de pirólise, uma vez iniciado, continua por si só e emite um calor considerável. No entanto, esta pirólise, ou seja, a decomposição térmica da celulose e da lenhina de que a madeira é composta, só se inicia quando a madeira é elevada a uma temperatura de cerca de 300°C.

Pré-processo de produção de carvão vegetal

Nos métodos tradicionais de produção, uma parte da madeira carregada no forno é queimada para secar a madeira e aumentar a temperatura de toda a carga de madeira, de modo a que a pirólise se inicie e se complete por si só. A madeira queimada desta forma perde-se. Todos os sistemas de carbonização são mais eficientes quando alimentados com madeira seca, uma vez que a remoção da água da madeira necessita de grandes quantidades de energia térmica. O processo de pirólise produz carvão vegetal que consiste principalmente em carbono, juntamente com uma pequena quantidade de resíduos de alcatrão, as cinzas contidas na madeira original, gases combustíveis, uma série de produtos químicos, principalmente ácido acético e metanol, e uma grande quantidade de água que é libertada como vapor da secagem e decomposição pirolítica da madeira. Quando a pirólise está concluída, o carvão vegetal, tendo atingido uma temperatura de cerca de 500° C, é deixado arrefecer sem acesso ao ar; é então seguro descarregar e está pronto a ser utilizado. Existem dois métodos principais utilizados na produção de carvão vegetal: o método da mamoa e o método do forno portátil. O método do poço consiste em escavar um poço de várias dimensões, empilhar a madeira e queimar em condições de oxigénio restrito. É o método mais utilizado. O fosso (normalmente com 3 m de comprimento, 1,2 m de largura e 1,2 m de profundidade) é carregado com pequenos toros de madeira redonda que cabem facilmente no fosso. Quando o poço está cheio, coloca-se uma camada hermética de folhas e depois de terra por cima. Para assegurar o aquecimento adequado da madeira para a carbonização, deixa-se passar gás quente ao longo do chão do poço, por baixo da carga, colocando a carga sobre um berço de toros. Os gases quentes, produzidos pela combustão parcial numa das extremidades do poço, dirigem-se para a chaminé na extremidade oposta. Estes gases quentes secam lentamente a terra e aquecem o resto da madeira até ao ponto de início da carbonização, cerca de 280-300°C. Dependendo do tamanho do e das espécies utilizadas, um lote de carvão vegetal demora aproximadamente uma semana a ser produzido. A natureza da carbonização num poço dificulta a obtenção de uma carga uniformemente carbonizada. O carvão no final da cozedura é normalmente pobre em voláteis e o último carvão formado perto da chaminé de fumo é rico em voláteis, uma vez que foi sujeito a temperaturas de carbonização apenas durante um curto período de tempo. O método do poço tem várias vantagens, nomeadamente:

menor investimento inicial; custos de produção reduzidos em relação aos outros métodos; carvão vegetal de maior densidade (e melhor qualidade) e um nível relativamente baixo de finos produzidos. O método do forno portátil consiste em empilhar pequenos biletes secos ao ar num forno metálico, cobrir e queimar. As principais vantagens dos fornos metálicos transportáveis em comparação com o tradicional poço de terra são

a. A matéria-prima e o produto encontram-se contentor selado, o que permite um rendimento máximo

b. Controlo do fornecimento de ar e dos fluxos de gás durante o processo de carbonização,

c. O pessoal não qualificado pode ser treinado rápida e facilmente para operar estas unidades e é necessária uma menor supervisão do processo, em comparação com a assistência constante necessária nas minas,

d. Podem ser alcançados, de forma consistente, rendimentos médios de conversão de 24%, incluindo os finos (base de peso seco). Os poços podem dar rendimentos erráticos e frequentemente inferiores; todo o carvão produzido no processo pode ser recuperado. Com os métodos de fosso, parte do carvão produzido perde-se no solo e o que é recuperado está frequentemente contaminado com terra e pedras. Os fornos metálicos transportáveis, se forem concebidos de modo a retirar a água da cobertura, podem ser utilizados em zonas de elevada pluviosidade, desde que o local tenha uma drenagem adequada.

Os métodos tradicionais de produção de carvão vegetal são difíceis de operar em condições de humidade e o ciclo total de produção utilizando fornos metálicos demora dois a três dias.

Produtores de carvão vegetal

Os produtores de carvão vegetal pertencem geralmente a uma das três categorias principais:

a. Os agricultores que estão a limpar as suas terras convertem alguns dos recursos de madeira em carvão vegetal,

b. Serrações e madeireiros que produzem carvão vegetal no âmbito das suas operações gerais e

c. Produtores profissionais de carvão vegetal.

2.3. Avaliação dos factores ambientais envolvidos na produção de carvão vegetal

Os factores críticos na produção de carvão vegetal parecem ser as competências operacionais e de supervisão do produtor de carvão vegetal, o teor de humidade da madeira utilizada e as espécies de madeira combustível utilizadas. A tecnologia de produção utilizada também é importante. A eficiência do forno tradicional, se for bem cuidado, parece ser comparável à dos fornos melhorados (Kammen e Lew, 2005). Quanto mais eficiente for o processo de conversão, menores serão as emissões associadas para a atmosfera, o solo e a água, e os impactos subsequentes no ambiente e nas condições de trabalho. De um modo geral, quanto maior for o rendimento do carvão vegetal, maior será a eficiência da produção de carvão vegetal. A eficiência da produção de carvão vegetal determina a quantidade de carvão vegetal que pode ser produzida por unidade de biomassa lenhosa, afectando assim o impacto das práticas de exploração da madeira para combustível. A eficiência dos fornos convencionais é normalmente baixa, variando entre 10 e 20 (Wiskerke, 2008).

Preço do carvão vegetal no mercado local

Os seguintes factores afectam, direta ou indiretamente, a eficiência da produção de carvão vegetal:

a. Podem ser alcançados rendimentos relativamente elevados se um produtor experiente seguir as melhores práticas, mesmo quando são utilizados fornos tradicionais.

b. É de esperar que os produtores ocasionais de carvão vegetal obtenham rendimentos inferiores aos dos produtores a tempo inteiro.

c. A produção ilegal de carvão vegetal pode ter de ser feita de forma rápida, não permitindo a otimização do processo de produção de carvão vegetal.

d. Fornos estacionários melhorados (como colmeias) podem ser aplicados se a produção de carvão vegetal tiver lugar num local fixo, como é o caso quando as plantações são utilizadas como fonte de madeira.

2.4. Avaliação dos Parâmetros de Qualidade do Ar Envolvidos no Processo de Produção de Carvão Vegetal

Os subprodutos da produção de carvão vegetal são os piroácidos, o ácido acético primário e o metanol, alcatrões, óleos pesados e água, a maior parte dos quais é emitida para o ambiente através dos gases de escape dos fornos. As emissões para a atmosfera incluem emissões gasosas de monóxido de carbono (CO), dióxido de carbono (CO2), metano, etano e compostos orgânicos voláteis (COV); emissões de partículas (PM) provenientes dos alcatrões não queimados e da poeira do carvão vegetal, e piroácidos que podem formar emissões de aerossóis. O nível de emissões depende muito da tecnologia utilizada para a produção, da temperatura desenvolvida durante a pirólise, bem como do teor de humidade da madeira. (Domac e Trossero 2008) apresenta uma comparação das emissões de poluentes atmosféricos para diferentes tipos de produção de carvão vegetal. Por exemplo, as emissões dos métodos tradicionais de produção de carvão vegetal em vários países africanos , expressas em g por kg de carvão vegetal produzido, são de 450 a 550 para o CO_2, 700 para o CH_4, 450 a 650 para o CO e 10-700 para os NMHC (hidrocarbonetos não metânicos). Estes níveis de emissão, especialmente o do metano, que tem um elevado potencial de aquecimento global (GWP), podem ser considerados como um impacto ambiental significativo, tanto a nível regional como global (Domac e Trossero, 2008). A principal razão para estes níveis bastante elevados de emissões atmosféricas é a combustão incompleta da madeira e dos subprodutos gasosos da produção de carvão vegetal, que são diretamente emitidos para a atmosfera.

Produtores de carvão vegetal

Em África, as emissões são geralmente libertadas como parte do fumo para a atmosfera, constituindo um problema de poluição atmosférica. Quando inalado, o fumo pode provocar graves problemas de saúde nos produtores de carvão vegetal. A poluição pode ser reduzida através da localização dos locais de produção de carvão vegetal a pelo menos 100 metros das aldeias (Mugo e Ong, 2006), embora haja poucos dados disponíveis sobre a eficácia de tal medida. A utilização de tecnologias mais limpas e mais eficientes na produção de carvão vegetal também pode trazer enormes benefícios para a saúde (FAO, 2010).

2.5. A produção de carvão vegetal e a redução dos gases com efeito de estufa

As emissões atmosféricas provenientes das tecnologias de produção industrial de carvão vegetal, que utilizam fornos descontínuos e fornos de combustão múltipla com funcionamento contínuo, são consideravelmente inferiores. Estas tecnologias permitem a recolha fumos gasosos e líquidos resultantes da produção de carvão vegetal, que podem ser utilizados como fonte de energia ou para aumentar a eficiência da produção de carvão vegetal. No entanto, estas tecnologias têm custos de investimento iniciais elevados. Outro poluente produzido na produção de carvão vegetal é o pó de carvão, um resíduo de pó preto que se dispersa rapidamente no ar e pode causar doenças respiratórias. Muitas famílias rurais utilizam o pó para fins medicinais, como repelente de insectos e como condicionador do solo nas explorações agrícolas, aumentando assim a sua exposição ao mesmo (FAO, 2010).

Reduzir as emissões de gases com efeito de estufa

As medições das emissões dos fornos efectuadas no início dos anos 90 sugerem que o impacto da produção de carvão vegetal no aquecimento global pode ser muito maior do que os benefícios da substituição dos combustíveis fósseis pelo carvão vegetal de biomassa. (Kammen e Lew, 2005) sublinham que é crucial avaliar todo o balanço de carbono do ciclo do carvão vegetal para determinar o seu impacto no aquecimento global e concluem que, quando o carvão vegetal é produzido em fornos mal operados, é uma das piores, se não a pior, fonte de energia para cozinhar em termos de aquecimento global. A utilização de tecnologias mais limpas e mais eficientes na produção de carvão vegetal poderia reduzir significativamente as emissões poluentes e, ao mesmo tempo, trazer enormes benefícios para a saúde.

Grelhados a carvão: Práticas sustentáveis e impacto ambiental

2.6. Avaliação dos parâmetros de qualidade do ar

É examinada a monitorização dos poluentes urbanos de acordo com o atual desenvolvimento da instrumentação analítica.
O poluente urbano inclui;

Óxidos de enxofre (SO_2, SO_3)
Óxidos de azoto (NO, NO_2)
Óxidos de carbono (CO, CO_2)
Hidrocarbonetos

Alcanos Suspendem as partículas.

2.6.1. Óxidos de enxofre

A determinação de óxidos de enxofre, à qual é sempre atribuída a maior importância para a avaliação da qualidade do ar, pode ser monitorizada por meio de uma variedade de técnicas analíticas. A seleção de um procedimento analítico depende do objetivo a atingir com a monitorização e do investimento financeiro atribuído. Pode ser realizado com equipamento muito simples, recorrendo a operações manuais, e com uma instrumentação bastante elaborada para monitorização contínua e automática. A combustão do carvão é a principal fonte de poluentes de enxofre. O dióxido de enxofre é um gás incolor, não inflamável e com um forte odor sufocante. Este gás é facilmente absorvido pela superfície das partículas. As partículas actuam como um catalisador para a oxidação do SO2 em SO3 na presença de humidade. O SO combina-se imediatamente com a água para formar ácido sulfúrico (H2SO4). Muitas destas partículas são removidas da atmosfera através da deposição ácida, como a chuva ácida, a neve ácida ou o nevoeiro ácido. A inalação destas partículas pode afetar o sistema respiratório. Os óxidos de enxofre são também poderosos estimuladores da corrosão atmosférica devido à sua elevada solubilidade na água. Outro composto de enxofre, o sulfureto de hidrogénio (H2S), é emitido por cada sistema de produção de eletricidade a partir do carvão. O H2S é um gás inflamável, venenoso, com um sabor adocicado e um odor caraterístico a ovos podres, percetível ao nariz humano quando presente no ar em concentrações de 0,02 - 0,13 ppm. Em concentrações atmosféricas normais, este gás é responsável pelo embaciamento do cobre, da prata e de outros metais com elevadas energias de formação de sulfuretos. O H2S também pode levar à corrosão porque é facilmente oxidado ao poderoso estimulante de corrosão atmosférica SO. Os sulfuretos, que são irritantes, podem emitir sulfureto de hidrogénio quando aquecidos.

2.6.2. Óxidos de azoto

Cinco formas gasosas principais de compostos de azoto são libertadas em resultado da produção de carvão. O azoto é um gás inodoro que constitui 75,5% em peso ou 78,06% em volume da atmosfera terrestre. Quando se aplica uma fonte de combustão, este gás combina-se com o oxigénio e o hidrogénio para formar óxido nítrico e amoníaco, respetivamente. O amoníaco é um gás incolor com um odor muito pungente.

O limite inferior da perceção humana é de 53 ppm O amoníaco é o único gás atmosférico capaz de neutralizar os ácidos produzidos quando o SO e o NO são oxidados. Devido a esta propriedade, o amoníaco tem sido utilizado como agente de controlo das emissões de NO_2. A neutralização pelo amoníaco leva à formação de partículas de sal de amónio dos ácidos sulfúrico e nítrico. O amoníaco e os seus compostos têm sido bem documentados por causarem "fissuração sazonal", um tipo de fissuração por corrosão sob tensão do latão trabalhado a frio. A corrosão pode ocorrer em toda a superfície do latão quando os sais de amónio estão presentes, porque têm uma baixa tensão superficial, o que provoca a formação de placas em vez de condensação por formação de gotas. O amoníaco parece contribuir para a carga de azoto da Baía de Chesapeake, de acordo com um estudo publicado pelo Environmental Defense Fund sobre o papel da deposição de nitratos no ar na eutrofização da Baía de Chesapeake.

O óxido nitroso, vulgarmente conhecido como gás hilariante, é um gás incolor com um odor e sabor ligeiramente adocicados. É muito estável e quimicamente inerte à temperatura ambiente, mas dissocia-se e torna-se um oxidante a temperaturas superiores a 300°C (572°F). Este gás absorve a radiação infravermelha; por conseguinte, o N2O da troposfera é considerado um gás com efeito de estufa com um potencial de aquecimento global estimado em 310 vezes (com base no peso) o do dióxido de carbono. Devido à sua estabilidade e inércia química, não há sumidouros conhecidos, um processo químico ou físico que remove uma espécie do "reservatório" de preocupação, para o N2O troposfera, para além da migração para a estratosfera. Na estratosfera, o óxido nitroso tem dois sumidouros químicos. O primeiro sumidouro é a degradação fotoquímica. N O + hv á N+ O* (um átomo de oxigénio excitado) O óxido nitroso pode também sofrer uma reação com um átomo de oxigénio excitado para produzir óxido nítrico, NO. Os óxidos de azoto são produzidos quando qualquer combustível é queimado no ar ou no oxigénio. O NO produzido desta forma é frequentemente referido como NO térmico. Um segundo tipo de NO, frequentemente referido como NO ligado ao combustível, é produzido quando o azoto contido combustível (e não no ar) reage com o oxigénio. O óxido nítrico é um gás incolor que contém um número ímpar de electrões (um dos seus electrões de valência não está emparelhado) e é paramagnético. O dióxido de azoto é um gás castanho-avermelhado com um odor irritante. Esta espécie química é responsável caraterística névoa castanha-amarelada que existe em Los

Angeles, Califórnia. O efeito de coloração resulta do facto de o NO atuar como um filtro para a luz azul, absorvendo fortemente a radiação com comprimentos de onda inferiores a 430 nm (Finlayson-Pitts e Pitts, 1986). Os óxidos de azoto contribuem para a deposição ácida causada pela reação de oxidação do NO em ácido nítrico. A ingestão de nitratos (NO3) e nitritos (NO2) pode provocar o relaxamento das células musculares lisas, que pode ser tão drástico que o sistema contrátil fica totalmente inibido. Estes compostos podem provocar a acumulação de sangue nas veias, de modo a que o coração não fique completamente cheio. Por conseguinte, a pressão arterial sistólica baixa e a frequência cardíaca aumenta. A dilatação dos vasos sanguíneos no cérebro provoca dores de cabeça, para além de ser possível um colapso circulatório agudo e desmaios. A dilatação dos vasos da retina provoca perturbações da visão. O nitrato orgânico, nitrato de peroxiacetilo (PAN), está frequentemente presente em áreas altamente poluídas devido à reação entre o radical peroxiacetilo e o dióxido de azoto. Esta espécie, associada ao smog fotoquímico, irrita as mucosas, os olhos e a pele.

2.6.3. Óxidos de carbono

O dióxido de carbono é produzido a partir da combustão de materiais carbonáceos. É um gás incolor, inodoro, não combustível e com um ligeiro sabor ácido. Este gás é necessário para a fotossíntese das plantas. O CO2 é o mais publicitado dos gases com efeito de estufa devido à sua crescente taxa de produção e concentração atmosférica. Embora a relação entre o CO2 e o aumento das temperaturas médias globais não esteja totalmente estabelecida, muitos membros da comunidade científica começam a pensar que o aumento do CO2 atmosférico é suscetível de ter algum efeito. Estão a ser envidados muitos esforços para reduzir as emissões de gases com efeito de estufa, nomeadamente de CO2. Por exemplo, em dezembro de 1997, as nações que participaram na Convenção das Nações Unidas sobre Alterações Climáticas acordaram os termos do Protocolo de Quioto, que obriga os países industrializados a cumprir objectivos legalmente vinculativos de emissão de gases com efeito de estufa durante o período de 2008-2012. A Agência Internacional de Energia e o IPCC estão a trabalhar para reunir dados científicos relevantes e desenvolver a cooperação internacional para alcançar estes objectivos. Embora não se conheçam as consequências do aumento do CO2 atmosférico e das temperaturas médias globais, muitos consideram que uma abordagem pró-ativa da atenuação é a atitude mais prudente a tomar.

2.6.3.1. Monóxido de carbono

O monóxido de carbono resulta combustão incompleta de hidrocarbonetos. É um gás altamente venenoso, inodoro, incolor, insípido e inflamável. O monóxido de carbono é particularmente perigoso porque não pode ser detectado pelos sentidos naturais do corpo. O CO não é, em si mesmo, um gás com efeito de estufa, mas influencia diretamente as concentrações de outros gases com efeito de estufa na atmosfera ao remover os radicais hidroxilo que, de outra forma, poderiam reagir para destruir os gases com efeito de estufa. No entanto, a principal razão pela qual o CO é considerado um poluente resulta das suas implicações para a saúde. O monóxido de carbono combina-se com a hemoglobina do sangue para formar carboxihemoglobina, que é inútil como transportador de oxigénio. Em concentrações inferiores a 2% de carboxihemoglobina, não se observam efeitos na saúde dos seres humanos. No entanto, em concentrações mais elevadas, os sintomas tóxicos incluem dores de cabeça, embotamento mental, tonturas, fraqueza, náuseas, vómitos, perda de controlo muscular, aumento e diminuição da pulsação e da frequência respiratória, colapso, inconsciência e morte. Quando uma pessoa é exposta ao CO a uma concentração de 100 ppmv, até 15% da hemoglobina da pessoa é convertida em carboxihemoglobina. As funções fisiológicas podem ser totalmente restabelecidas com a remoção atempada do CO da corrente sanguínea. Isto pode ser conseguido através da administração de oxigénio ao indivíduo afetado. No entanto, o tempo necessário para remover 50% do monóxido de carbono da hemoglobina é de 320 minutos ou quase 5,5 horas.

2.6.4.1. Metano

O metano, o hidrocarboneto mais simples, é um gás incolor, inodoro e não tóxico. O gás tem um potencial de aquecimento global estimado em 21 vezes (com base no peso) o do dióxido de carbono. O metano é também altamente explosivo em concentrações atmosféricas de 5%-15%. Apenas 0,5%-2% de CH4 pode ser perigoso, especialmente na presença de pó de carvão. Nas entradas das minas de carvão utilizadas pelo pessoal, os níveis de metano não podem exceder 1%, e em certas áreas designadas da mina não frequentadas pelo pessoal da mina, os níveis de metano não podem exceder 2%, conforme regulamentado pela Mine Safety and Health Administration (IFC Resources Inc.,

1990). A chuva ácida pode estar a contribuir, de forma pouco significativa, para a concentração atmosférica de metano e para o potencial de aquecimento global. Muitas das bactérias do solo que consomem o metano atmosférico são menos eficazes nesta atividade em resposta à precipitação ácida. Um sumidouro menos eficaz para o metano leva a um aumento das concentrações de metano atmosférico ao longo do tempo, o que provoca um aumento do potencial de aquecimento global (Schlesinger, 1991). O metano também contribui para o smog fotoquímico. Podem ser produzidos quatro moles de ozono, uma das espécies irritantes associadas ao smog fotoquímico, por cada mol de metano oxidado.

2.6.4.2. Hidrocarbonetos não metânicos

Em geral, os alcanos têm um efeito narcótico; diminuem a perceção dos impulsos sensoriais, especialmente a dor, e, em grandes doses, podem causar estupor, coma e convulsões. No entanto, o n-hexano possui um efeito neurotóxico acentuado que o distingue dos outros alcanos. É também um irritante cutâneo. Os alcenos não são toxicologicamente muito activos, mas os compostos de maior massa molecular possuem propriedades narcóticas. Os alquilbenzenos tendem a ter baixa toxicidade oral com DL > 5000 mg/kg. A DL 50-50, também conhecida como concentração letal média, é a concentração de uma substância química que se estima ser fatal para 50% dos organismos testados.

2.6.5. Partículas em suspensão

A matéria particulada é um termo geral para partículas sólidas que estão suspensas na atmosfera. Estas partículas são constituídas por várias composições de compostos orgânicos e inorgânicos. As normas de qualidade do ar para as partículas são atualmente redigidas em termos do total de partículas em suspensão e não são classificadas de acordo com o tamanho. No entanto, a EPA dos EUA pode impor uma norma de tamanho restrito devido aos efeitos na saúde relacionados com o tamanho. Se inaladas, as partículas grandes (> 2,5 μm) são eliminadas no trato respiratório superior. Por outro lado, as partículas que são típicas da combustão de combustíveis fósseis são muito mais pequenas (< 2,5 μm) e são respiráveis. Não são removidas no trato respiratório superior, mas sim transportadas para a região do trato respiratório inferior onde ocorrem as trocas gasosas. Para além disso, contêm normalmente mais espécies tóxicas do que as partículas grandes. Por conseguinte, as partículas pequenas representam um maior risco para a saúde do que as partículas grandes (Finlayson-Pitts e Pitts, 1986). As partículas não são apenas um risco para a saúde; elas também actuam como catalisadores para a oxidação do dióxido de enxofre, o que leva à precipitação ácida. Além disso, as pequenas partículas são responsáveis pela maior parte da dispersão da luz e pela redução da visibilidade. O material particulado tem origem numa variedade de fontes e, devido à sua composição complexa, devem ser tidos em conta vários parâmetros para avaliar o impacto na saúde humana e nos materiais.

Estas podem ser resumidas da seguinte forma:

(a)Carga mássica total expressa em massa de partículas num determinado volume de ar;

(b) Massa relativa resultante de partículas numa determinada gama de tamanhos para avaliar a contribuição relativa para os aerossóis respiráveis;

(c) Composição química para avaliar a concentração de determinados produtos químicos nocivos, tais como H2S04, sílica, Hg, Be, amianto, hidrocarbonetos policíclicos, etc.

(d) Parâmetros ópticos que devem ser investigados para avaliar efeitos como a redução da visibilidade e a variação no orçamento total da energia solar. As medições de massa podem ser efectuadas aspirando o ar através de meios filtrantes adequados, que são pesados antes e depois da amostragem.

Este procedimento sofre de limitações definitivas devido a vários factores que devem ser cuidadosamente controlados (taxa de amostragem, caudal linear e filtro); é, no entanto, a única forma direta de medição da massa e é a mais adequada para este fim. Um monitor automático de poeiras pode também ser realizado utilizando um "medidor de 3 raios". Um volume conhecido de ar é aspirado por uma bomba de caudal constante e filtrado sobre a fita de fibra, que se move intermitentemente entre uma porta de contagem de radiação e uma porta de recolha de ar. A massa da matéria filtrada é determinada através da absorção de radiação beta de baixa energia, racionando as taxas de impulso dadas pela irradiação do filtro com e sem pó. A radiação absorvida é proporcional apenas à massa da matéria filtrada e é independente da sua densidade, composição química e propriedades físicas ou ópticas. Outros métodos baseiam-se em medições indirectas da massa através das propriedades físicas das partículas. Por exemplo, no caso da poluição urbana, é frequentemente utilizado o chamado "índice de sujidade". O ar aspirado através de um papel de filtro deixa nele uma mancha escura. A escuridão da mancha é interpretada como uma concentração superficial de partículas e, através de uma curva de calibração obtida com um fumo padrão, é a concentração volumétrica. Estes procedimentos fornecem apenas a concentração de partículas; tanto as fracções inorgânicas como as orgânicas têm de ser analisadas para a determinação das espécies que têm um impacto específico na saúde humana.

CAPÍTULO 3

MATERIAIS E MÉTODOS

3.1 A área de estudo

A área de estudo é a Área de Governo Local (LGA) de Gwer West do Estado de Benue. Situa-se na zona da cintura média da Nigéria e faz fronteira com a administração local de Makurdi, Otukpo, Gwer- east e a administração local de Doma do estado de Nassarawa, situando-se entre a longitude 8° 12′ 60″ leste e a latitude 7° 37′ 55″ N

3.1.2. Clima e vegetação

O governo local de Gwer West, situado no vale de Benue, tem duas estações distintas, a estação das chuvas e a estação seca. A estação das chuvas começa em abril e termina em outubro, com uma precipitação anual de 1500-1800 mm (Kalu, 2004), enquanto a estação seca começa em novembro e termina em março. A temperatura varia entre 35,38°c, com os períodos mais quentes entre fevereiro e março (FMAMS, 1885). Com uma população de cerca de 122 145 habitantes (NPC, 2006), os habitantes são predominantemente Tiv, com um número substancial de Idomas, Igedes, Igalas e Housas

A principal ocupação da população vai desde o serviço público/civil até ao comércio e à agricultura. A área tem muitas florestas que servem para incentivar a produção de carvão vegetal.

3.2. Procedimento de amostragem

Foram recolhidas amostras dos poluentes atmosféricos SO_2, CO_2, NO_2 e PM_{10} habitualmente utilizados na avaliação do índice de qualidade do ar (IQA). O SO_2, o CO_2 e o NO_2 foram determinados com o monitor de ar Gasman específico crowcon instrument Ltd, Inglaterra, enquanto o material particulado PM_{10} foi medido com o monitor de partículas de poeira Haze 10ūm modelo HD1000, Environmental Device corporation USA. O instrumento foi configurado de acordo com o manual do fabricante, o monitor de ar crowncon utiliza baterias de células secas que foram verificadas e substituídas se a capacidade de vida não fosse suficiente para o funcionamento do instrumento. Esta versão do monitor de ar Gasman utiliza um sensor catalítico que, em última análise, mede a concentração de um gás específico no ar e o monitor de poeiras Haze utiliza um elétrodo muito sensível que, em última análise, mede a concentração de partículas suspensas no ar. As leituras foram obtidas durante um intervalo de uma hora e 40 minutos e os valores foram registados.

3.3. Recolha de dados

Os dados sobre a concentração de dióxido de carbono (CO), dióxido de azoto (NO2), dióxido de enxofre (SO2) em ppm e partículas (PM_{10}) em ug/m3 foram recolhidos uma vez em cada dez minutos entre as 8:00 e as 9:40. Utilizando monitores de gás manuais Gasman (placa 1) adquiridos à Agência de Saneamento Ambiental do Estado de Benue (BENSESA), Makurdi). A recolha de dados sobre os poluentes atmosféricos foi efectuada, apenas nos dias úteis, por um funcionário da BENSESA designado para o efeito.

Placa1: Monitor de Gasman

3.4. Análise de dados

Os dados foram analisados utilizando a ferramenta de análise de dados SPSS versão 20. As médias foram utilizadas para testar a concentração de poluentes do ar ambiente em cada um dos locais da área de estudo. O resultado foi comparado com as Normas Nacionais de Controlo da Qualidade do Ar (NAAQS), conforme estipulado pelo Regulamento Nacional do Ambiente (NER) (2014), para avaliar se as concentrações médias dos poluentes atmosféricos excedem os limites aceitáveis.

CAPÍTULO 4

RESULTADOS

Os dispositivos móveis de controlo do ar (monitores de gás) foram instalados em três locais diferentes de produção de carvão vegetal: Avihijime, Tsambe/Mbesev e Saghev/Ukusu, na área governamental local de Gwer West, no estado de Benue:

O quadro 4.1 mostra a quantidade de poluentes ambientais libertados para o ambiente em Avihijime

Tempo(10 mins intervalo)	CO2 (ppm)	SO2 (ppm)	NO2 (ppm)	PM10 (µg/m3)
1	3.1	0.001	0.2	0.59
2	2.80	0.011	00	0.53
3	1.99	0.002	0.1	0.49
4	2.21	0.004	0.1	9.90
5	2.11	0.001	0.2	9.87
6	1.98	0.002	0.2	9.76
7	2.3	0.003	0.1	9.89
8	3.10	0.001	0.1	9.78
9	3.29	0.002	0.1	9.96
10	3.11	0.001	0.2	10.08
TOTAL	25.99	0.028	1.2	70.85
MEIO	2.599	0.0028	0.13	7.08

Fonte: trabalho de campo 2024

A tabela 1 mostra a quantidade de poluentes ambientais libertados para o ambiente no local de produção de carvão vegetal de Avihijime, e indica que o valor da quantidade de CO_2 em 1hora e 40mins.total é 25,99, valor médio de 2,599, SO_2 total é 2,3ppm, valor médio de 0,27ppm, NO_2 total 1,2ppm, valor médio de 0,130ppm e PM10 total é 70,85 µg/m^3, valor médio de 7,08 µg/m$^{3.}$

Tabela 4. 2 Os poluentes ambientais na área de estudo de Tsembe/Mbese

Tempo (10 intervalo de minutos)	CO2 (ppm)	SO2 (ppm)	NO2 (ppm)	PM10 (μg/m3)
1	3.1	0.001	0.16	5.59
2	2.88	0.005	0.19	7.99
3	3.23	0.001	0.20	6.8
4	3.21	0.002	018	7.8
5	2.11	0.001	0.10	8.29
6	3.22	0.001	0.17	8.89
7	2.13	0.004	0.17	6.33
8	2.11	0.003	0.17	5.80
9	2.91	0.001	0.20	1544
10	1.66	0.001	0.20	11.20
TOTAL	26.56	0.020	1.74	84.13
MEIO	0.586	O.002	0.174	8.413

Fonte: Inquérito de campo 2024

A tabela 2 acima analisa a quantidade de poluentes libertados para o ambiente em Tsembe/Mbesu, analisa que a quantidade total de CO_2 foi de 5,86ppm com uma pontuação média de 0..586ppm, SO_2 2,26ppm com uma pontuação média de 0,226ppm, NO_2 1,74ppm com uma pontuação média de 0,174ppm, e PM10 total de 84,13 $\mu g/m^3$ com uma pontuação média de 8,413 $\mu g/m^3$

Quadro 4.3 Poluentes ambientais na zona de estudo de Saghev/ukusu

Tempo (intervalo de 10 minutos)	CO2 (ppm)	SO2 (ppm)	NO2 (ppm)	PM10 (µg/m3)
1	2.11	0.004	0.19	0.61
2	3.00	0.001	0.23	4.58
3	2.99	0.003	0.16	6.64
4	3.11	0.001	0.31	7.90
5	2.88	0.001	0.82	8.79
6	3.21	0.001	0.88	9.76
7	1.99	0.002	0.20	9.87
8	2.82	0.001	0.60	9.69
9	2.87	0.004	0.90	10.21
10	1.91	0.009	0.12	10.07
TOTAL	26.89	0.026	4.41	87.88
MEIO	0.747	00026	0.441	8.788

Fonte: Inquérito de campo 2024

A tabela 4.3 acima analisa a quantidade de poluentes libertados para o ambiente em saghev/Ukusu. Os resultados indicam que a quantidade total de CO_2 libertada para o ambiente é de 7,47ppm com uma média de 0,747ppm por cada 10 minutos, SO_2 de 3,43ppm com uma média de 0,343ppm por cada 10 minutos, NO_2 de 4,41ppm com uma média de 0441ppm por cada 10 minutos e PM10 de 87,88 $\mu g/m^3$ com uma média de 8,788$\mu g/m^3$ por cada 10 minutos.

Comparação dos resultados com a norma nigeriana relativa à qualidade do ar ambiente para a experiência

S/N	Artigo	Sítio 1	Sítio2	Sítio 3	Classificação standard	Observação
1	CO2	25.99	26.56	26.89	10-20ppm	Elevado
2	SO2	0.028	0020	0.026s	0,01 - 0,1ppm	baixo
3	NO2	1.2	1.74	4.41	0.04 - 0,06ppm	Elevado
4	Partículas	70.85	84.13	87.88	250 - 600µg/m3	Baixa

Fonte: Trabalho de campo 2024

O resultado da figura 4 revelou que a quantidade de CO_2 libertado para o ambiente é superior à classificação padrão. A tabela acima mostra que a quantidade de CO_2 libertado nos três locais é elevada em comparação com a norma nigeriana para a qualidade do ar ambiente, com os três locais a terem 26.56, 25,99 e 26,89, em comparação com a norma nigeriana de 10-20ppm. A tabela também mostra que a quantidade de SO_2 libertada nos três locais é muito baixa, com valores de 0,028, 0,020 e 0,026, em comparação com a norma nigeriana de $SO_{(2)}$, que é entre 0,01 e 0,1. A quantidade de NO_2 libertada para o ambiente também foi elevada, com valores que variam entre 1,2, 1,724, 4,41, em comparação com a norma nigeriana de poluição atmosférica para o NO_2, que se situa entre 0,04 - 0,06, e a quantidade de partículas libertadas para o ambiente também é baixa, com valores de 70,85, 84,13 e 87,88, em comparação com a norma nigeriana de poluição atmosférica, que é de 250 - 600$\mu g/m^3$

CAPÍTULO 5

DISCUSSÃO

A variação espacial dos poluentes atmosféricos sugere uma forte ligação entre os poluentes e as actividades humanas. As concentrações mais elevadas de CO_2, NO_2 e PM_{10} foram registadas no local 3 (Saghev/ukusu), com um valor médio de 26,89, 0,026, 4,41 e 87,88, respetivamente. Além disso, a maior concentração de CO_2 pode ser atribuída à diminuição da cobertura vegetal que sequestra o carbono da atmosfera, diminuindo assim a concentração atmosférica de CO_2. Isto também pode ser visto do ponto de vista de que as pessoas neste local se dedicam à produção de carvão vegetal em comparação com o local um (Avihijime) e o local dois (tsembe/mbesu). As fontes primárias de emissões de NO_2 e SO_2 incluem a combustão incompleta em veículos, geradores de eletricidade, máquinas de moagem de arroz e outros aparelhos eléctricos que utilizam biocombustíveis. Uma concentração mais elevada de PM10 nos locais está relacionada com a limpeza da vegetação. Embora a concentração de PM_{10} seja mais elevada durante a estação seca, em ventos alísios de nordeste (NE) que prevalecem durante a estação seca, e da poeira derivada localmente de estradas, mercados, solos expostos e dessecados e incêndios. Isto está de acordo com Akinfolarin et al. (2017), que registaram concentrações mais elevadas de partículas ($PM_{2,5}$ e PM_{10}) em três zonas industriais de Port Harcourt em 2016. A queima de arbustos e os incêndios agrícolas são as principais fontes de particulado (Cusworth et al., 2018), que também são comuns na estação seca nos três locais. As concentrações médias mais elevadas de NO_2 e SO_2, acima dos níveis aceitáveis, indicam que a atmosfera da área de estudo está poluída e os habitantes estão expostos aos riscos da poluição atmosférica relacionados com a saúde. A matéria particulada (PM_{10}) está maioritariamente associada a doenças respiratórias (Ediagbonya & Tobin, 2013), enquanto o NO_2 e o SO_2 estão relacionados com doenças pulmonares e cardiovasculares (Oke, 1987). O resultado do teste de variação significativa dos poluentes atmosféricos confirma a utilização/cobertura do solo como o principal fator de poluição da comunidade. Isto concorda com Utang e Peterside (2011) que relataram uma variação espacial significativa em CO_2 NO_2 SO_2 entre quatro pontos em Port Harcourt. Vários estudos documentaram uma relação positiva entre o uso/cobertura do solo e os poluentes nas cidades, incluindo a cidade de Guangzhou (Weng & Yang, 2006), Wuhan (Xu et al., 2016) e a aglomeração de Changsha-Zhouzhou-Xiangtan (CZT) (Zou et al., 2016).

CAPÍTULO 6

CONCLUSÃO E RECOMENDAÇÃO

Conclusão

A nível mundial, verifica-se uma tendência acentuada para os países desenvolvidos apresentarem uma elevada percentagem de utilização de energia como um todo, da qual a madeira é um componente menor, em comparação com os países em desenvolvimento, que apresentam uma percentagem baixa. Isto significa que mais de dois terços da população mundial estão expostos aos poluentes atmosféricos gerados pela queima destes combustíveis, o que pode afetar negativamente a sua saúde. Por conseguinte, é fundamental avaliar a sustentabilidade dos actuais ciclos de produção de carvão vegetal e desenvolver políticas a longo prazo para atenuar eventuais impactos negativos.

Os impactos ambientais e socioeconómicos da produção de carvão vegetal estão interligados e este estudo utiliza estatísticas publicadas sobre a produção de carvão vegetal, que são também utilizadas para fornecer uma base de referência a partir da qual trabalhos futuros podem fornecer informações mais aprofundadas para identificar questões relacionadas com a produção de carvão vegetal. A partir da informação acima apresentada, é óbvio que a procura de carvão vegetal é elevada, pelo que a produção de carvão vegetal em comunidades rurais como a de Gwer-West será contínua durante muito tempo. Para reduzir o nível de poluentes emitidos, recomenda-se que os produtores de carvão vegetal sigam as normas da Organização Mundial de Saúde.

Recomendações

Por conseguinte, recomenda que os projectos com fontes significativas de emissões atmosféricas e potencial para impactos significativos na qualidade do ar ambiente sejam minimizados, assegurando que:As emissões não resultem em concentrações de poluentes que atinjam ou excedam as diretrizes e normas de qualidade ambiente relevantes, aplicando as normas nacionais legisladas ou, na sua ausência, as actuais Diretrizes de Qualidade do Ar da OMS (ver Quadro), ou outras fontes internacionalmente reconhecidas;Recomenda também que sejam realizados mais estudos noutros governos locais para aumentar a sensibilização para a qualidade do ar ambiente.Devem ser realizadas publicações, seminários e programas de rádio para aumentar o conhecimento sobre o efeito do excesso de emissões de poluentes do ar ambiente.

REFERÊNCIAS

Akinfolarin, O. M., Bisa, N., & Obunwo, C. (2017). Avaliação do índice de qualidade do ar baseado em material particulado em Port Harcourt, Nigéria. Journal of Environmental nalytical Chemistry, 4(4). https://doi.org/10.4172/2380-2391.1000224s

Anderson, I., 2005. Bacia do Rio Níger: A Vision forSustainable Development.

Banco Mundial, pp: 131.

Cusworth, D. H., Mickley, C. J., Sulprizio, M. P., Liu, T., Marlier, M. E., DeFries, R. S.,Gupta, P. (2018). Quantificando a influência dos incêndios agrícolas no noroeste da Índia na poluição do ar urbano em Delhi,
Índia. Envronmental Research Letters, 13, 044018.
https://doi.org/10.1088/1748-9326/aab303 Ediagbonya, T. F., & Tobin, A. E.
(2013). Poluição do ar e morbilidade respiratória numa zona urbana da Nigéria. Greener Journal of Environmental Mangement and Public Safety, 2(1),10-15.
https://doi.org/10.15580/GJEMPS.2013.1.101112106
Domac J. e Trossero M. (2008), Environmental Aspects of Charcoal Production inCroatia. Relatório para o projeto da FAO TCP/CRO/3101 (A) Development of asustainable charcoal. Indústria. Zagreb, Croácia, junho de 2008.
Elyounssi, K., Collard, F.-X., Mateke, J.N., Blin, J. 2012. Melhoria do rendimento do carvão vegetal por bifiltração em madeira de eucalipto: um estudo termogravimétrico. Fuel 96, 161-FAO 1987. Tecnologias

simples para o fabrico de carvão vegetal. FAO Forestry Paper 41. Rome.

FAO 2010 Tecnologias simples para o fabrico de carvão vegetal. Documento florestal da FAO 41. Roma.

Kammen DM e Lew DJ (2005). Review of Technologies for the Production and Use of Charcoal. Relatório do Laboratório de Energias Renováveis e Apropriadas.
meios de subsistência em zonas semi-áridas. Shinyaya, Utrecht, Universidade de Utrecht.

Mugo F. e Ong C. (2006). Lessons from eastern Africa's unsustainable charcoaltrade" (Lições do comércio insustentável de carvão vegetal na África Oriental). I Panel on Climate Change, Cambridge University Press, Cambridge, UK e NY.

Odigure, J.O., 1998. Safety Loss and Pollution Controlin Chemical Process Industries. Jodigs andAssociates, Minna, Nigéria, pp: 89-93.

Ooi, T.C., Thompson, D., Anderson, D.R., Fisher, R., Fray, T., Zandi, M. 2011. O efeito da combustão do carvão vegetal no desempenho da sinterização do minério de ferro e na emissão de poluentes orgânicos persistentes. Combustão
e Flame **158**, 979-987.

Schlesinger,P.(1990) `Rethinking the Sociology of Journalism:Source Strategies and the Limits of Media-Centrism', pp.61-83 in M. Ferguson (ed.), Public Communication: The New Imperatives. Londres: Sage. Smith, P., Bustamante, M., Ahammad, H., Clark, H., Dong, H., Elsiddig, E.A.,
Haberl,H.,Harper, R., House, J., Jafari, M., Masera, O., Mbow, C., Ravindranath, N.H., Rice, C.W.,Robledo Abad,C., Romanovskaya,

A.,Sperling, F., e Tubiello, F.2014.
Agricultura, silvicultura e outras utilizações do solo (AFOLU). In Edenhofer O., Pichs- Madruga
R., Sokona Y., Farahani E., Kadner S. et al. (eds): Climate Change 2014: Mitigation of Climate Change.Contribuição do Grupo de Trabalho III para o Quinto Relatório de Avaliação do Comité Intergovernamental das Alterações Climáticas.

Utang, P. B., & Peterside, K. S. (2011). Variações espácio-temporais na emissão de veículos urbanos na cidade de Port Harcourt, Nigéria. Ethiopian Journal of Environmental Studies and Management,4(2),38-51.
https://doi.org/10.4314/ejesm.v4i2.5

Weng, Q., & Yang, S. (2006). Padrões de poluição atmosférica urbana, utilização do solo e paisagem térmica: An examination of the linkage using GIS. Environmental Monitoring and Assessment, 117, 463-489.
https://doi.org/10.1007/s10661-006-0888-9

Wiskerke, W. (2008). Towards a sustainable biomass energy supply for rural Xu, G., Jiao, L., Zhao, S., Yuan, M., Li, X., & Han, Y. (2016). Examinar a
Impactos da utilização do solo na qualidade do ar numa perspetiva espácio-temporal em Wuhan, China. Atmosfera, 7,62.
https://doi.org/10.3390/atmos7050062

Zou, B., Xu, S., Sterberg, T., & Fang, X. (2016). Efeito do uso da terra e mudança de cobertura na qualidade do ar S. Sustainability, 8,677.
https://doi.org/10.3390/su8070677

ÍNDICE DE CONTEÚDOS

Printed by Books on Demand GmbH, Norderstedt / Germany